Die schönen 60er Jahre – Nostalgie in Dampf

Die schönen 60er Jahre – Nostalgie in Dampf

ARNOLD MÜLL

franckh

FRANCKH'SCHE VERLAGSHANDLUNG
STUTTGART

Mit 130 Schwarzweiß- und 18 Farbabbildungen

Umschlaggestaltung von Kaselow Design, München, unter Verwendung einer Aufnahme von Arnold Müll. Sie zeigt vor dem Hintergrund des Ringlokschuppens eine typische Szene aus dem Alltag im BW Bebra, als dort noch Dampflokomotiven stationiert waren.
Der Lokführer hat die Schnellzugdampflokomotive 01 528 auf die Drehscheibe gefahren und wartet nun den Wendevorgang ab.

Die Bilder auf den Seiten 2 und 5 zeigen den Verfasser Arnold Müll dort, wo er am liebsten arbeitete.

CIP-Kurztitelaufnahme der Deutschen Bibliothek

Müll, Arnold: Die schönen 60er [sechziger] Jahre — Nostalgie in Dampf / Arnold Müll. — Stuttgart : Franckh, 1987.
ISBN 3-440-05786-0

Franckh'sche Verlagshandlung, W. Keller & Co., Stuttgart/1987

Printed in Germany/Imprimé en Allemagne
L 10 HU H os/ISBN 3-440-05786-0
Satz: typoservice, Achern
Reproduktionen: Gerold Schmidt, Stuttgart
Druck und Buchbinder: Mainpresse Richterdruck, Würzburg

Vorwort

Der Eisenbahnknoten Bebra ist wichtiger Umsteigebahnhof und Kreuzungspunkt zweier Hauptstrecken.
Bebra, eine Kleinstadt von ca. 7600 Einwohnern und einem großen Bahnbetriebswerk, nahm schon vor dem Ersten Weltkrieg eine bedeutende Stellung sowohl im Nord-Süd- als auch im Ost-West-Verkehr ein. Hamburg im Norden ist über Bebra mit dem im Süden liegenden München durch die heutigen Intercity-Züge schnell zu erreichen. Nun hat ja, wie bekannt, die Deutsche Bundesbahn diese Nord-Süd-Magistrale (u.a.) für ihre künftigen superschnellen Züge (für 250 km/h) auserkoren, um die beiden Städte mit modernen Fernzügen und dem heutigen Zeitgeist entsprechend im Hochgeschwindigkeitsbereich, noch schneller miteinander zu verbinden. Bei diesem großen Vorhaben, an dem zügig gearbeitet wird, hat nun Bebra in seiner langen Geschichte die alleinige Stellung im Nord-Süd-Schnellverkehr verloren. Die neue Schnellbahn läßt sozusagen Bebra »links« liegen. Doch sei hier gleich erwähnt, daß der nach wie vor florierende IC-Schnellverkehr über Bebra durch die neue Schnellbahn eine nicht unwillkommene Bereicherung erfahren wird.

Was nun die Ost-West-Hauptstrecke anbelangt, hat sich hier seit dem Zweiten Weltkrieg so mancherlei geändert. Seit der Teilung Deutschlands und der neu entstandenen innerdeutschen Grenze sowie dem Abbau des zweiten Gleises auf Hauptstrecken im DDR-Gebiet, mußte mit einer starken Behinderung im Ost-West Verkehr gerechnet werden. Die neue Grenze unweit und östlich von Bebra mit dem Grenzort Gerstungen zum Beispiel bringt zusätzliche Erschwernisse, die im grenzüberschreitenden Schnellzugverkehr dem Reisenden unangenehm auffallen.
Die Deutsche Reichsbahn (DR) in der DDR ist natürlich bemüht, vieles auszugleichen, neu zu gestalten und zu modernisieren. Sie ging daran (wie bei der DB auch), einen zum Teil umgebauten Dampflokomotivpark auf die Schienen zu stellen, wie es in diesem Buch dokumentiert wird. Die DR setzte auch Schnellzüge mit Kurswagen ein, die die Reisenden verhältnismäßig schnell (soweit es die veralteten Gleisanlagen zulassen), an entfernte Orte bringen. Die Städte Berlin, Leipzig, Dresden, Warschau, Prag, Budapest und Bukarest sind Beispiele dafür. Doch Fernzüge mit internationalem Format und Niveau — wie die beliebten IC Fernverbindungen — die fehlen freilich auch heute noch.
Das Städtchen Bebra, an der Fulda gelegen, ist ohne das Bahnbetriebswerk nicht denkbar. Ein beträchtlicher Teil der Einwohner lebt von ihm. Eine große Belegschaft war im Schichtdienst tätig, denn es mußten eine erhebliche Anzahl von Dampflokomotiven rund um die Uhr betreut und betriebsbereit gehalten werden. Zwei Ringheizhäuser, zwei Drehscheiben und alle notwendigen Anlagen, die für einen geordneten Lokbetreuungsdienst unentbehrlich sind, standen zur Verfügung. Bundesdeutsche Schnell- und Güterzugdampfloks waren hier ständige Gäste und Stammkunden. Seit der innerdeutschen Grenzziehung fanden sich auch die Dampfloks der Deutschen Reichsbahn (DR) hier ein. Es ist daher verständlich, daß ein Eisenbahnfotograf hier in Bebra ein reichhaltiges Betätigungsfeld fand. Die Schnellzüge, die von »drüben« kamen und auch die, die hinüber fuhren, bekamen stets Dampflokomotiven als Traktion. Dieses Bild änderte sich allerdings vor und zu Beginn des Fahrplanwechsels 1973, als alle Dampfloks aus Bebra abgezogen wurden und bundesdeutsche Dieselloks bis zur Grenze in Gerstungen zum Einsatz kamen.
Die Schnellzugdampflokomotiven der DR sind in diesem Band besonders reichhaltig vertreten, was eigentlich den Kundigen nicht wundern dürfte. Doch demjenigen, dem diese Maschinen nicht so vertraut sind, sollen sie hier nun besonders nahe gebracht werden. Dabei dürfte ein ausgesuchtes Bildmaterial diesem Gedanken weitgehend entgegenkommen. Darüber hinaus wird bei den passionierten Dampflokliebhabern das Doppelscheibentriebwerk, oder die sogenannten Boxpokräder, die hierzulande unbekannt sind, die es aber in den USA schon seit den dreißiger Jahren gibt, auf besonderes Interesse stoßen. Die DR hat also zum Umbau und zur Weiterentwicklung der ehemaligen »01« in erheblichem Maß beigetragen, was der unvoreingenommene Dampflokfreund nicht ohne Staunen zur Kenntnis nehmen muß.
An dieser Stelle sei nun auch vermerkt, daß dieses Buch keinesfalls eine allumfassende Darstellung über Entstehung und Entwicklung des Eisenbahnknotenpunktes Bebra geben will. Es soll vielmehr mit den Augen des Fotografen einen Einblick geben über den Dampfbetrieb während der Jahre 1965 bis 1973, dem Punkt also, der auch hier in Bebra für alle Dampflokomotiven das endgültige »Aus« bedeutete.
Der Autor erhielt übrigens im BW Bebra keine Erlaubnis zum Betreten und Fotografieren der Anlagen und des Geländes. Trotz dieser erheblichen Einschränkung gelang es doch einen ansehnlichen Querschnitt vom Dampfbetrieb im obengenannten Zeitraum in Bebra für die Nachwelt festzuhalten.

Arnold Müll

Reisende auf Bebras Bahnsteigen, Lok- und Bahndienst

Rentner warten am Gleis 9 auf ihren Interzonenschnellzug nach drüben. Der Sechs-Wochen-Verwandtenbesuch ist schnell vorüber. Als Trost haben sie alle »gutes« Gepäck, gefüllt mit den begehrten westlichen Sachen. Dahinter im Bild zwei Schnellzugdampfloks aus der 01^{5}er-Baureihe der DR.

Interzonenreisende haben die Paß- und Zollinformationen hinter sich. Sie schreiten in den anderen Teil Deutschlands. Rechts steht auf Gleis 9 ein abfahrbereiter Schnellzug. Die Dampflok hat bereits eine neue Computer-Nummer, hier 01 0532-0.

Der Leipzig — Frankfurter »Interzonenzug« mit der Dampflok 01 535 der DR ist eingelaufen. Die Lok wird abgekuppelt und nimmt auf der gegenüberliegenden Seite des »Inselbahnhofs« Wasser auf. Der Zug fährt, wie das Schild anzeigt, um 12.03 Uhr mit elektrischer Traktion bis Frankfurt weiter. Das Hinweisschild »Interzonenzug« auf Gleis 9 gehört der Vergangenheit an.

Am Bahnsteig 9 steht der Interzonenschnellzug Köln — Bebra — Erfurt — Leipzig — Dresden mit der Dampflok 01 519 der DR. Der Zug hat die Abfahrtszeit bereits um sieben Minuten überschritten, und immer noch arbeitet der Lokführer fieberhaft am Bremsgestänge, um noch einige gelockerte Muttern festzuziehen. Ängstliche Blicke zum Bahnsteig, auf dem der Zugführer laut rufend die Verspätung beklagt. ▶

Und hier die Fortsetzung der Situation an der Lok 01 519. Es folgte eine Strafpredigt. Ob unberechtigt oder auch nicht, diese Worte mußten dem Lokführer bitter geschmeckt haben, sie waren auch nicht für fremde Ohren bestimmt. Schließlich konnte die Fahrt nach 12 Minuten Verspätung beginnen.

Wir haben hier die gleiche Dampflok mit gleicher Mannschaft vor uns, wie auf dem vorherigen Bild. Der Treppenstuhl sowie die zwei Kannen mit Öl, die zu einer gründlichen Inspektion des Triebwerkes notwendig sind, stehen ebenfalls noch bereit. Hier sehen wir, wie der Heizer gerade die Presse in die Kanne taucht und mit dem Schmiermittel vollsaugt.

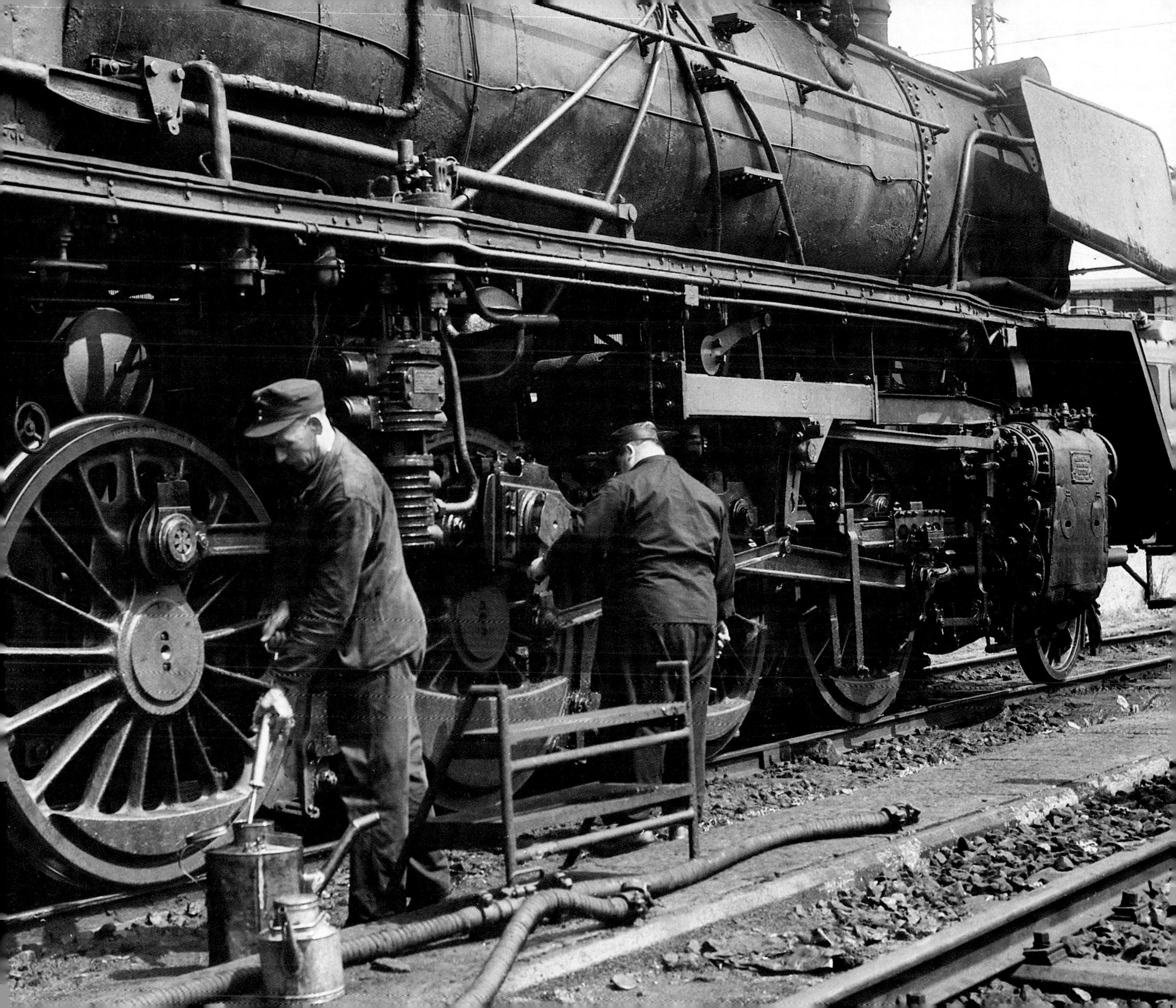

◀ Eine Dampflok aus der bundesdeutschen 41er-Baureihe (1'D1') wird hier am Bahnsteig für die nächste Fahrt hergerichtet. Lokführer und Heizer inspizieren in aller Ruhe das Triebwerk. Die großen Räder haben einen Durchmesser von 1600 mm.

Personenzug nach Kassel: Als Traktion die Güterzugdampflok (!) 50 2967. Am Ende des Zwischenbahnsteiges wird vom Lokführer noch schnell eine Muffe festgezogen — die Zeit drängt, der nicht gerade große Zug hat bereits die Ausfahrt erhalten. ▶

Letztes Abschmieren vor der Abfahrt an der Schnellzugdampflok 01 505 des Interzonenzuges nach Dresden mit Kurswagen nach Frankfurt/Oder und Warschau.

Die imposanten Schnellzuglokomotiven der Baureihe 01^5 der Deutschen Reichsbahn sind meistens peinlich sauber gepflegt. Diese Umbauloks stellen eine Weiterentwicklung aus der herkömmlichen 01er Baureihe dar.

Der Schnellzug Frankfurt/Main — Bebra — Erfurt — Leipzig verläßt den Bahnhof Bebra. Wie man auf dem Bild erkennen kann, befindet sich an der Zugspitze eine Dampflok (aus der Baureihe 01^5 der DR) und als Schub nun neuerdings eine Diesellok der DB, hier die V 160 101. Seit dem Frühjahr 1973 werden die Züge von Bebra aus nur noch mit bundesdeutschen Dieselloks ohne »Hilfsschub« bis an die innerdeutsche Grenze befördert.

Zwei Züge begegnen sich! Links: Interzonenschnellzug Frankfurt/Main — Bebra — Erfurt — Leipzig. Rechts: Schnellzug Frankfurt/Main — Bebra — Hannover — Hamburg Altona — Westerland. In Leipzig ist man in rund 4 1/2 h, während man bis Westerland 9 h benötigt. Die Dampflok der DR hat die Betriebsnummer 01 524. Die dunkelblaue E 10 382 gehört der sogenannten »Bügelfaltenserie« an, so benannt wegen des »Knicks« an der Stirnwand beider Führerhäuser.

Der Schnellzug Leipzig — Bebra — Frankfurt/Main ist mit der Reichsbahndampflok 01 0526-2 soeben in Bebra eingelaufen. Nach 20 Minuten Aufenthalt fährt dann der nun mit elektrischer Traktion bespannte Zug weiter bis Frankfurt/Main. Die Leerlok begibt sich auf die andere Seite ins BW, um Wasser aufzunehmen. Hier sei noch bemerkt, daß die Reichsbahnloks in Bebra nur Wasser tankten. Auf dem Bild sieht man einen Sicherheitsbeamten zur Überwachung der »Nichtaussteigerseite« des Zuges.

Dampflok mit Betriebsnummer 01 503 der DR vor dem Schnellzug Frankfurt/Main — Bebra — Berlin-Friedrichstraße. Diese Umbaulok aus der 01er-Reihe, befindet sich wieder im Umbau. Die breite Umlaufschürze wurde bereits entfernt. Die schweren Boxpokräder werden durch die bekannten Speichenräder ersetzt. Auch die markante spitze Rauchkammertür wird der üblichen flachen Bauart zum Opfer fallen. Dieser Zug hat ebenfalls Doppeltraktion.

Interzonenschnellzug Frankfurt/Main — Bebra — Erfurt — Großkorbetha — Merseburg — Halle — Bitterfeld — Wittenberg — Jüterbog — Berlin-Friedrichstraße. Der Zug bringt die ganze Strecke ohne Halt bis Berlin-Wannsee hinter sich. Diese Dampflok der DR mit der Nummer 01 522 hat Speichenräder. ▶

◀ Als Schublok(?) sieht man hier die bundesdeutsche Dampflokomotive 44 475 in voller Aktion.

Ankommende und abfahrende Züge in Bebra

Die 44 475 der DB als Schublok vor dem Interzonenzug im Einsatz. Die Dreizylinderlok unterstützt die Zuglok 01 519 tatkräftig. ▶

◀ Der Schnellzug Frankfurt/M. — Bebra — Berlin-Friedrichstraße verläßt das Bahngelände von Bebra in Richtung Gerstungen, Erfurt mit der Lokomotive 01 0530-4. Die Kälte läßt bei der Anfahrt der Lok eine gewaltige Dampfwolke entstehen.

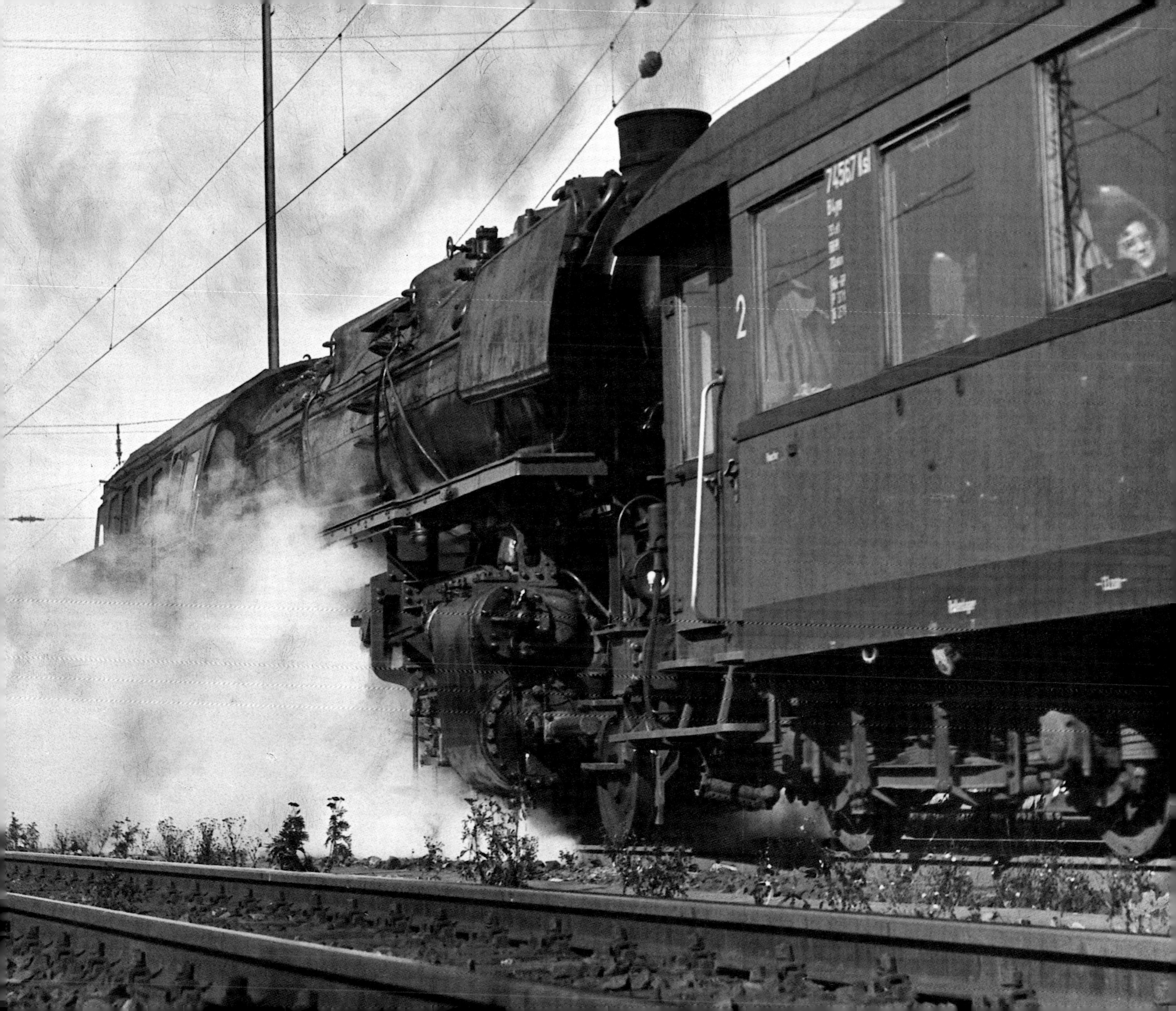
74567 Ksl
2

Weil der Schubbetrieb so interessant ist, sei davon noch eine Aufnahme in dieses Buch aufgenommen. Wir haben hier wieder einen Zug nach Berlin-Friedrichstraße. Als Zuglok donnert die 01 519 eine mächtige Dampfwolke in den blauen Himmel, und am Zugende schiebt die 44 475 gleichfalls mit mächtigen Dampfstößen nach, ein für Dampflokfreunde immer wieder packendes Schauspiel.

Hier steht nun der gerade angekommene Schnellzug aus Berlin-Friedrichstraße mit einer hierzulande weniger bekannten Dampflok. Boxpokräder, breite Umlaufschürze und eine spitze Rauchkammertür sind die äußeren Kennzeichen dieser bemerkenswerten Umbaulok der DR. Diese hier hat die Betriebsnummer 01 513, und sie ist auf absoluten Hochglanz gebracht. Die zinnoberroten Doppelscheibenräderleuchten dem Eisenbahnfreund schon von weitem entgegen.

Dampfbetrieb im BW

◀ Zwei Repräsentanten des Dampflokomotivbaus aus Ost und West vor der Drehscheibe am Ringheizhaus in Bebra. Rechts die 01 1093 der DB-Baureihe 01^{10} mit Dreizylinder-Triebwerk und Hochleistungskessel. Links die 01 522 aus der 01^{5} Umbaureihe der DR, ebenfalls mit neuem Kessel. Die bundesdeutsche Lok verfügt über eine Leistung von ca. 2375 PSi, die der DR von ca. 2250 PSi.

Auch dieses Bild zeigt zwei Schnellzugdampfloks aus beiden Teilen Deutschlands. Links die Maschine 01 533 der DR mit dem gerade angekommenen Leipziger D-Zug. Rechts die 01 1087 der DB als Leerlok. Beide begeben sich ins BW, um dort neue Vorräte aufzunehmen.

Dampf in Bebra! Drei Loks beleben hier die Szene. Langsam rollt die 01 526 der DR in den Vordergrund, der Lokführer beobachtet sorgfältig die Gleise. Rechts dahinter zwei 44er der DB, die auf das Signal zur Auffahrt auf die Drehscheibe warten, nachdem sie Wasser getankt haben.

Die 01 504 im BW Bebra. Sie hat gerade »Ruhepause« und die Lokmannschaft sitzt ▶ in der Bahnhofsgaststätte, um sich bei einer Tasse Kaffee von der anstrengenden Fahrt etwas auszuruhen. In 1 1/2 Stunden geht es mit dem nächsten Schnellzug wieder zurück nach Erfurt, in die DDR.

01 504

◀ Die Inspektion ist beendet, und der Heizer erwartet den Lokführer auf dem Rundlauf. Diese Dampflok mit der Nummer 01 511 der DR hat, wie man sehen kann, Boxpokräder. Hier sei bemerkt, daß diese äußerst drehsteif und für große Anfahrkräfte gut geeignet sind. Darüber hinaus sind diese Doppelscheibenräder gegen eventuell auftretende Haarrisse weitgehend unempfindlich.

Immer wieder ist der nicht einfache Aufbau einer Dampflokomotive zu überprüfen. Auf diesem Bild sieht man den stämmigen Lokführer bei der Arbeit. Die Maschine gehört zu der 01^5er-Umbauserie der DR. ▶

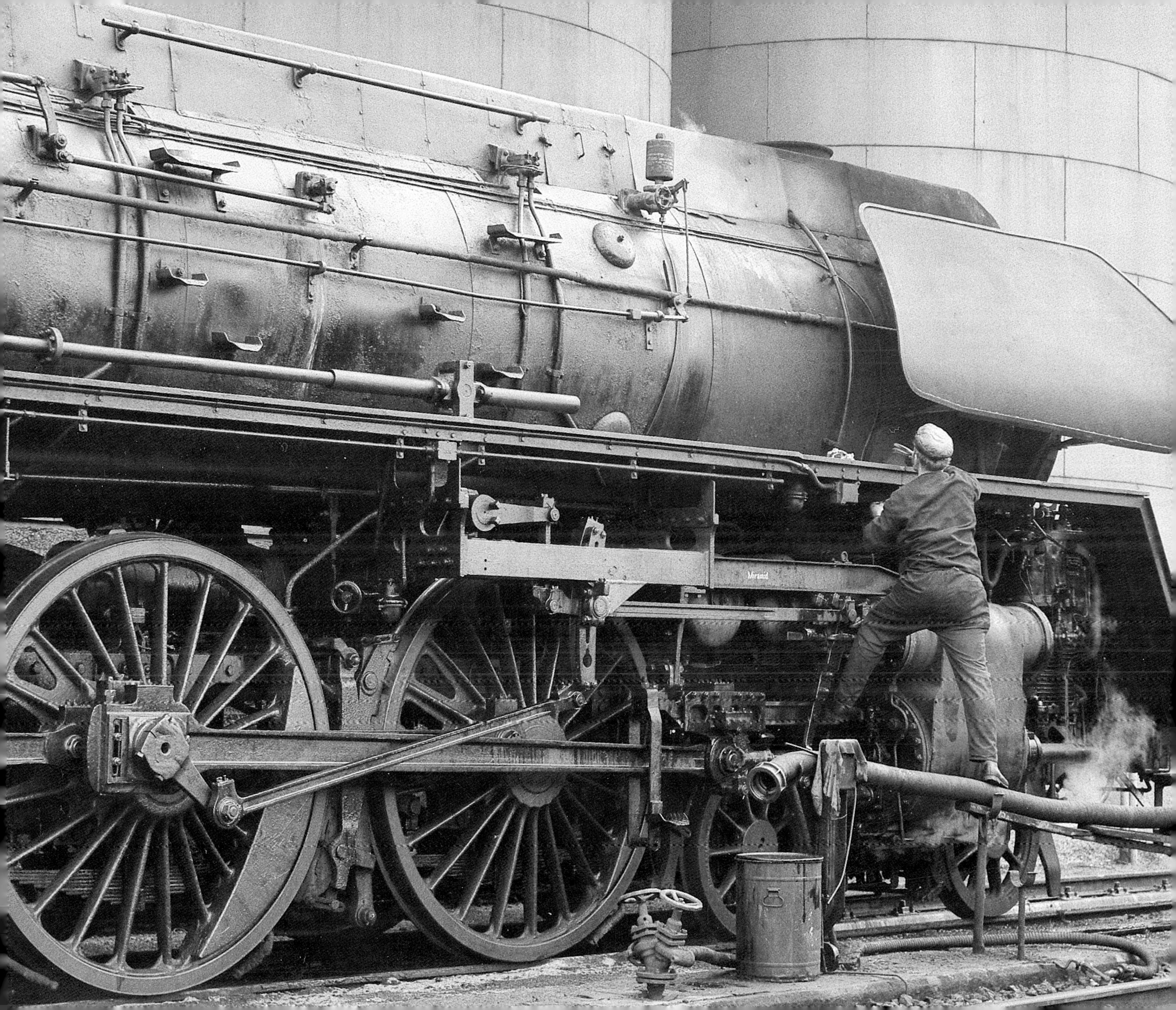
Miranid

Die Schnellzugdampflok der DR mit der Betriebsnummer 01 0530-4 wird von der Lokmannschaft inspiziert. Hier wird gerade der Keil am Treibstangenlager festgezogen.

Hier sehen wir die Lokmannschaft von der berühmten »01 504« bei der Inspektion. Sie, diese Lok, besitzt fast alle Merkmale eines fortschrittlichen Dampflokomotivbaues, einschließlich der mächtigen Boxpokräder.

Die Dampflok 01 505 der DR mit Speichenrädern steht über der Schmiergrube, dabei Wasser aufnehmend. Die Dampflok hat, wie man es am Aufbau des Tenders erkennen kann, Öl-Hauptfeuerung. Die Wasserfüllzeit des Tenders wird genutzt, um eine Inspektion des Triebwerkes vorzunehmen.

Eine Dampflok der DR nimmt in Bebra Wasser auf. Es ist die 01 0526-2 mit neuer Computernummer. Sie ist die einzige Vertreterin zu dieser Stunde, die einst das Leben hier in Bebra mit Dampf erfüllten. Die Tore zu den Boxen im Ringheizraum sind schon seit Wochen geschlossen. Wir haben kalte Märztage, und die Dampfloks, die noch hier eintreffen, müssen nun ausnahmslos ihre Wartezeit im Freien verbringen.

◀ Ruhepause: Frisch aufgetankt und mit überprüftem Triebwerk steht hier die 01 511 der DR mit Boxpokrädern auf Warteposition zwischen Drehscheibe und Wasserkran bis zum nächsten Zug nach »drüben«.

Inspektion der 01 508. Sie steht über der Schlackengrube, und der Heizer schmiert gerade die Achslager ab. Inzwischen absolviert der Lokführer seinen Rundgang um die Maschine. Die Boxpokräder wirken auf den Betrachter stets beeindruckend. ▶

Dampflokomotiven auf den Drehscheiben und im Ringheizhaus

Das Ringheizhaus ist leer, wir haben Werktag. Die Dampfloks befinden sich draußen im Dienst auf der Strecke. Es ist noch früh am Morgen, und die 50 885 der DB verläßt als letzte das Ringheizhaus, um sich nach Plan ebenfalls zu ihrem Zug und dann auf Fahrt zu begeben.

Eine »44er« der DB verläßt die Drehscheibe. Links im Heizhaus die Schnellzugdampflokomotive 01 508 der DR mit Boxpokrädern. Davor eine westdeutsche Lokmannschaft im Gespräch mit Kollegen.

Die Dampflok 41 255 der DB hat ebenfalls das Heizhaus des BW von Bebra aufgesucht. Wir sehen hier diese stattliche Maschine von der Führerseite.

Mit neuen Vorräten begibt sich die Reichsbahnlok Nummer 22 044 (DB-Baureihe 41) von der Drehscheibe in eine Box des Ringheizhauses. Der Lokführer beobachtet sehr genau diesen Vorgang. Das Heizhaus ist mit Dampfloks gut besetzt. Diese starke 1'D1'-Dampflok brachte den Leipziger D-Zug nach Bebra.

Wir haben nun eine bundesdeutsche Dampflok gleichen Typs auf dem Bild. Auch sie wird von der Bühne zur Einfahrt ins Heizhaus eingeschwenkt. Die Fahrt ist beendet, die Lokvorräte sind ergänzt. In wenigen Stunden aber geht es wieder hinaus auf Strecke. Der Lokumlauf ist zwingend groß.

Auch diese Dampflok 01 0507 der DR mit abmontierter breiter Umlaufschürze gehört zu jenen letzten Maschinen, die noch die mächtigen Boxpokräder besitzen. Bald werden auch diese nicht mehr zu sehen sein. Diese imponierende Dampflok mit den zinnoberroten Scheibenrädern befindet sich auf der zweiten Drehscheibe, die auch für den elektrischen Zugbetrieb eingerichtet ist.

44 189
44 189

DB
50 134

▶ Nach der Rückkehr vom Streckendienst und mit neuen Vorräten beschickt, begibt sich die 44 189 der DB in ihr Verließ des Heizhauses. Diese starke Dreizylinderlok wurde in sehr großer Anzahl (über 2000 Stück) für das In- und Ausland geliefert.

◀ Die Dampflokomotive 50 134 kommt ebenfalls von der Strecke. Auch sie hat neue Vorräte gefaßt und findet nun gerade den letzten Platz im Heizhaus. Es ist ein Sonntag, und die Güterzugdampfloks hatten zu jener Zeit dienstfrei.

▲ Hier wieder die Dampflok 41 255 der DB. Sie wurde in der Zwischenzeit gewendet, um mit gefülltem Tender voran ins Heizhaus zu fahren. Wir sehen nun die Lok von der Heizerseite.

Wie man sieht, herrscht im BW Bebra noch lebhafter Dampfbetrieb. Die 01 522 der DR verläßt eben den »Drehlaufsteg«, um sich zu einem der Wasserkräne zu begeben. Die 01 1085 der DB im Hintergrund hat bereits Wasser aufgenommen; sie brachte den Kasseler Eilzug nach Bebra.

Eine der letzten Dampfloks mit Boxpokrädern. Hier die 01 503 der DR, die mit zehn anderen 01^5-Lokomotiven auf die Doppelscheibenräder umgerüstet wurde.

So sah das einmal im BW Bebra aus! Ein Bild für Dampflokfreunde. Es ist wieder Sonntag, und für die Dampfrösser gibt es ein gedrängtes »Stelldichein« im Ringheizhaus — es herrscht Sonntagsruhe. Die zuletzt eingelaufene 50 134 der DB rollt nun langsam in das letzte Verließ. Ganz rechts die 22 044 der DR.

Dieses Bild ist gewiss ein stattlicher Anblick eines mit Dampflokomotiven voll besetzten Heizhauses. Es sind zumeist 44er- und 50er-Baureihen der DB, die hier versammelt sind. Ganz rechts sieht man auch eine 41er in diesem Dampflokreigen. Eisenbahnfans werden mit Wehmut an diese Zeit zurückdenken, die für immer Vergangenheit ist.

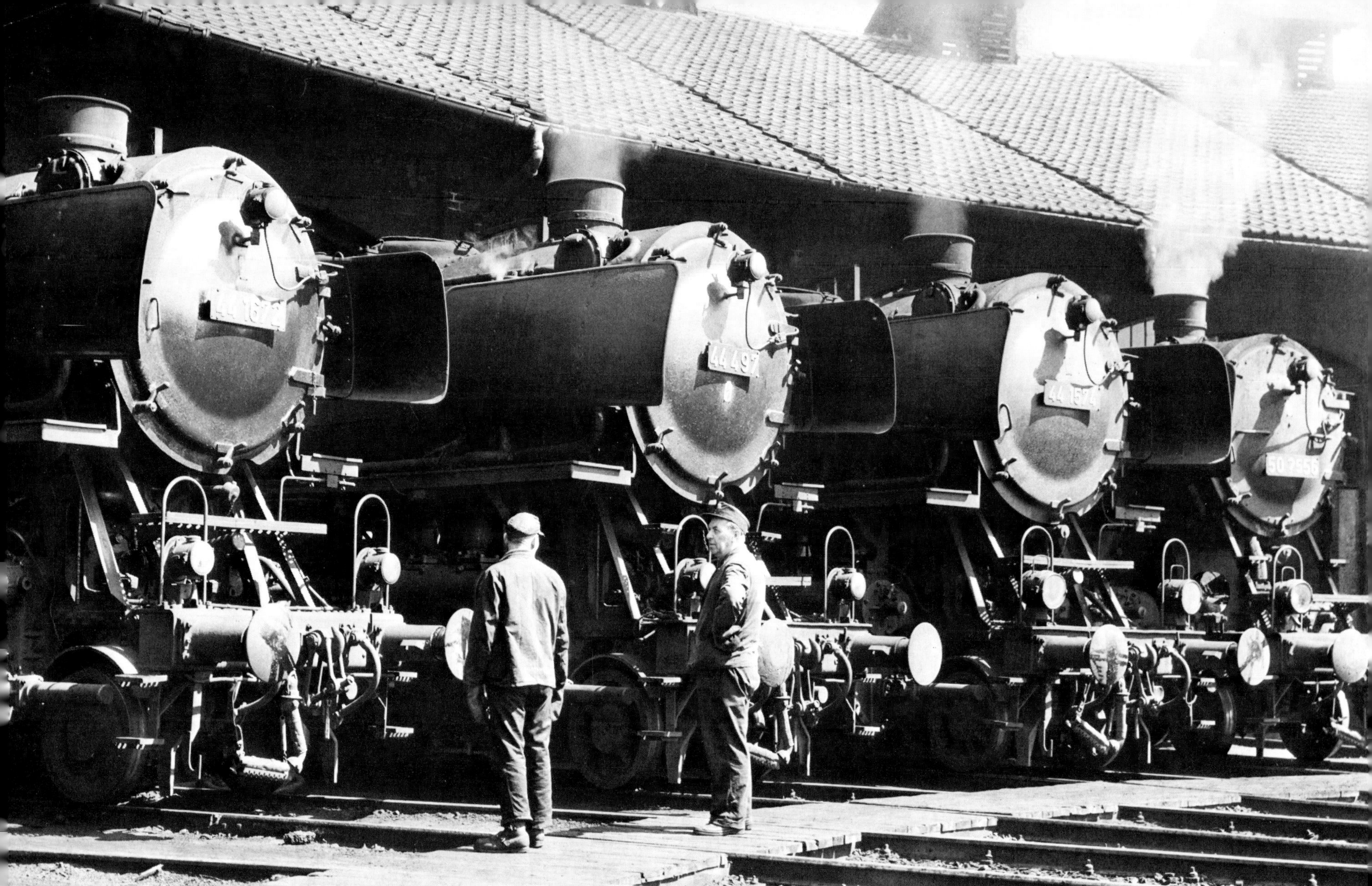

Früh am Morgen geht's zur Lokschicht: Kurze Begrüßung, einige karge Worte, und schon wenden sich die beiden den Dampfrössern zu, was mit harter und schmutziger Arbeit verbunden ist. Dieser Lokdienst ist schwer und sehr verantwortungsvoll. Die Lokomotiven der DB auf diesem Bild haben von links nach rechts folgende Betriebsnummern: 44 1672, 44 497, 44 1574 und 50 2556.

Auf der Drehscheibe, mit dem Ringheizhaus im Hintergrund, befindet sich die Dampflok 01 535 der DR.

Die 01 504 ist das einzige Exemplar der DR mit fast allen Neuerungen des modernen Dampflokomotivbaus: Ölfeuerung, Hochleistungs-Kessel, Mischvorwärmer, Trofimoffschieber, Giesl-Ejektor, Boxpok-Radsätze, geschweißte Zylinder.

Diese eindrucksvolle Großaufnahme zeigt Details der 01 535, die vor dem Ringheizhaus in Bebra auf die Rückfahrt nach Erfurt und Leipzig wartet.

Die 44 375 im Ringheizhaus. Diese dreizylindrigen 1'E-Loks wurden als Schublokomotiven zwischen Bebra und Gerstungen eingesetzt.

◀ In vollem Sonnenlicht präsentiert sich die 01 528 der DR vor dem Heizhaus in Bebra. Im Hintergrund eine Güterzuglok der Baureihe 50.

Hier auf diesem Bild sieht man die Lokomotiven von der Heizerseite aus. Links unter der Uhr die Ruhebank für das Lokpersonal von hüben und drüben. Hier konnte der Fotograf manches Zwiegespräch zwanglos mitanhören, in denen es auch manchmal recht hitzig zuging. Diese Bank war auch der Platz für den Wechsel des Filmmaterials. ▶

◀ Die Dampflok 01 0507-2, mit ihrer Mannschaft abgebildet, fährt gerade von der Drehscheibe herunter.

01 510
01 533
01505

Diese beeindruckende Dampflokausstellung ist die gleiche wie auf Seite 48, jedoch von der Heizerseite aus gesehen. Wie man an den Lokschildern erkennen kann, handelt es sich durchweg um bundesdeutsche Güterzugdampflokomotiven, und zwar die 44er-Baureihe mit Dreizylinder-Anordnung und die leichtere Ausführung mit zwei Zylindern, alle in der 1'E-Radanordnung.

Eine Lokparade, die »ins Auge sticht«. Es sind wieder die 01^5er-Maschinen, aber diesmal von einer anderen, interessanten Perspektive aus fotografiert.

Zwei Lokomotiven der DR und DB mit ihren Lokführern von hüben und drüben im Gespräch. Da wird natürlich nicht nur von Lokomotiven gesprochen, es hängen ja noch andere, heißere Probleme in der Luft.

Vor dem Heizhaus zwei Schnellzugdampfloks der DR mit den Betriebsnummern 01 528 und 01 533. Beide erhalten eine Hochglanzbespritzung. Das Ergebnis kann man an den spitzen Rauchkammertüren feststellen. Die Maschinen haben Speichenräder.

01 533
1 528

Dieselloks erobern den Dampfbetrieb in Bebra. Sie wurden bis zum Ende des Dampfschubes von der DB (bis Gerstungen) eingesetzt. Im Frühjahr 1973, nachdem auch die DR den Dampflokdienst bis Bebra einstellte, übernahmen die V 160 der DB den gesamten Schnellzugverkehr als Zuglok bis zur Grenze. Der Hilfsschub wurde von nun an nicht mehr benötigt. Somit gehörte diese interessante Zug-Schub-Beförderung von Dampfloks zweier deutschen Staaten auch der Vergangenheit an.

Zwei Reichsbahnschnellzugloks: links die 01 204 noch in der alten Form mit flacher Rauchkammertür und den großen Windleitblechen. Rechts nun die 01 519 im neuen, modernen Gewande. Deutlich erkennt man den vorteilhaften Umbau der 01^{5}er-Reihe aus der alten 01 zum windschnittig wuchtigen »Dampflokomotivgesicht«.

Dampflokomotiven der DB und der DR

Die Dampflok mit der Betriebsnummer 41 142 der DB, die hier so strahlend im Licht steht, hat Wasser genommen. Nun wartet sie auf das Signal des Drehscheibenwärters zur Einfahrt, um sich dann auf eine Lücke im Heizhaus einschwenken zu lassen.

Das Triebwerk der 44 1119, sie hat in Kassel ihren Heimatbahnhof. Diese Aufnahme entstand bei gutem Seitenlicht, sie zeigt besonders sinnfällig die kraftvolle Ausbildung dieses fünffachen Rädertriebwerkes.

Bahnbetriebswerk Bebra. Hier waren unter anderem die Baureihe 50 und viele ihrer stärkeren Schwestern, die BR 44, vertreten. Auf diesem Bild die eingelaufene 44 552, dahinter die 44 1221.

Auch diese Dampfloks der 50er-Baureihe mußten Freiluftquartiere beziehen. Diese Maschinen stehen alle unter Dampf. Das Feuer, der Wasserstand und der Dampfdruckmesser werden in gewissen Zeitabständen kontrolliert.

Dampfloks in Sonntagsruhe. Das Ringheizhaus ist voll besetzt. Dieses ist der Grund, warum ein Teil der Maschinen im Freien aufgestellt sind. Vorne rechts eine Dampflok aus der 44er-Reihe, links die 50 2512, über ihr der Bekohlungskran, erbaut von der Firma MAN. In der Mitte die E 50 096 für schweren Güterzugdienst.

Die stärksten Dampfschnellzuglokomotiven der DB wurden in Folge des Strukturwandels immer mehr in untergeordnete Dienste abgedrängt. Hier in Bebra liefen leichtere Eilzüge mit diesen mächtigen »Dreizylindern« bis Kassel. Wie das Bild zeigt, hat die 01 1087 Kohlefeuerung, ein Wälzlagertriebwerk und einen fünfachsigen Tender.

Ein seltener Gast in Bebra. Diese 03 132 der DB kam von Norden als Leerlok hier an. Nach kurzem Aufenthalt dampfte sie, wiederum als Leerlok, gen Süden davon. Vielleicht hatte sie noch eine lange Fahrt bis ins Bodenseegebiet vor sich, wo diese Lokgattung häufig anzutreffen war.

Auch diese Dampflok ist im BW Bebra eine seltene Erscheinung. Die badische IV h4v 18 316 der DB wurde von Minden, wo sie stationiert ist, nach Bebra beordert. Sie sollte als Bremslok in einer dem Autor unbekannten Region fungieren. Auf dem Bild ist sie im Begriff, auf die Drehscheibe zu fahren. Der Raddurchmesser beträgt 2,10 m! ▶

◀ Mit gewaltigen Auspuffschlägen dampft die 01 1093 als Leerlok auf die andere Seite des Bahnhofes, um Wasser zu tanken. Diese mächtige Dreizylindermaschine der DB brachte in dieser Zeit der Elektrifizierung den ihr zugewiesenen kleinen und leichten, völlig unangemessenen Eilzug von Kassel nach Bebra. Die großen Aufgaben in der Zugbeförderung für diese starken und schnellen Lokomotiven (Maximalgeschwindigkeit 140 km/h) waren endgültig vorüber.

◀ Nun folgen einige Bilder der 01^{5}er-Baureihe, deren Frontansicht eine Meisterleistung in Bezug auf ihre technische Schönheit darstellt. Ist es doch nicht einfach, das technisch Notwendige mit dem Schönheitsbegriff auf einen Nenner zu bringen. Angesichts dieser Aufnahmen ist es nicht abwegig, daß diese von den Lokomotivbauern angestrebte Lösung als weitgehendst gelungen zu bezeichnen ist. Hier haben wir die 01 502 mit Boxpokrädern im Gleisgelände auf Warteposition.

Die 01 526 der DR vor dem Schnellzug Frankfurt — Leipzig. Noch dominiert die Dampflokomotive. ▶

01 526

◀ Im BW-Gelände von Bebra wartet die 01 526 der DR, aus Berlin gekommen, auf ihre nächste Fahrt.

Die Kollegen auf der Diesellok schauen neugierig auf die vorbeifahrende 01 519. Sind sie froh, auf einer »sauberen«, leichter zu bedienenden Lok zu fahren? ▶

01 522
BESTER UNFALLSCHUTZ

◀ Die 01 522 der DR ebenfalls in Warteposition. Die Uhr zeigt zehn nach zwölf. Heizer und Lokführer machen Mittagspause.

Eine außergewöhnliche Aufnahme, die die Dynamik einer Dampflokomotive in voller Fahrt, es ist die 01 513, im Außengelände von Bebra zeigt.

Auch diese Dampflok mit der Betriebsnummer 01 0530-4 ist »reisefertig« hergerichtet. Sie steht besonders gut im Licht, und der Kundige erkennt deutlich, daß die »Schwimmhäute« an den Naben der großen Räder fehlen. Offenbar handelt es sich hier noch um eine ältere Konstruktion.

Auf diesem Foto sehen wir die 01 507-2, die sich gerade im zweiten Umbau befindet: Die breite Umlaufschürze ist bereits verschwunden, Boxpokräder und spitze Rauchkammertür sollen bald folgen. Diese hervorstechenden Merkmale ließen diese 10 Maschinen der Reihe 01^5 zur Besonderheit werden.

Schnellzug Köln — Bebra — Leipzig am Bahnsteig 9 in Bebra, wenige Minuten vor der Abfahrt. Hier ist es die Dampflok mit der Betriebsnummer 01 524, die den Schnellzug auf ihrem ersten Streckenabschnitt bis Erfurt bringt. Auch diese schöne Maschine ist mit Speichenrädern ausgestattet.

Die 01 522 steht vor dem Schnellzug Paris Ost — Bar-le-Duc — Metz — Saarbrücken — Mainz — Frankfurt/Main — Bebra — Erfurt — Leipzig — Dresden-Neustadt mit Kurswagen Lódz und Warschau. Ihr Triebwerk hat Speichenräder.

Die 01 513 hat Wasser aufgenommen und verharrt hier auf Abruf zur Rückfahrt in die DDR. Von Interesse dürften die in der Größe unterschiedlichen Ausführungen der sogenannten »Schwimmhäute« an den Naben der großen Räder sein. Diese Speichenverstärkungen dienen zur Drehsteifigkeit des gesamten Radkörpers.

Auch dieses Foto der 01 511 vermag einen guten Eindruck von der kompakten Wucht und Masse zu vermitteln, den diese Maschinen auf den Dampflokfreund hinterlassen. Diese Lok fährt ebenfalls zum Wasserkran. Die Hälfte der 05er-Lokbaureihe hatte Ölhauptfeuerung. Interessierte konnten jedoch beobachten, daß die Dampfloks der DR hier in Bebra kein Öl tankten.

Die Dampflock mit der Betriebsnummer 01 508, sie hat Boxpokräder, setzt sich mit sanftem Druck vor den Leipziger Schnellzug. Immer wieder faszinieren diese schönen und mächtigen Maschinen den Fotografen. Rechts im Hintergrund das Besandungsgerüst. ▶

01 508

Auf diesem Bild das wuchtige »Gesicht« der 44 029, einer 1'E-Güterzugdampflokomotive der DR. Die Windleitbleche an den Reichsbahnlokomotiven sind im Gegensatz zu den Maschinen der DB an den Kesselseiten höher angebracht.

Vor dem Schnellzug Frankfurt/M — Bebra — Erfurt — Berlin-Friedrichstraße steht die Dampflok 01 508 der DR. Auf diesem Bild erkennt man besonders gut die Doppelscheibenkonstruktion dieser Radbauart, die in Amerika an den großen Dampfloks, z.B. bei den »Hudsons« und »Niagaras« der New Yorker Centralbahn (NYC), großen Eingang gefunden hatte. Eine kleine, aber sehr aufschlußreiche Schrift von Dipl.-Ing. Adolf Wolf (Kraus-Maffei), die 1951 erschienen ist, behandelt unter anderem auch das Thema der Boxpokräder.

◀ Die 01 511 mit ihrer technisch vollendet schönen Frontansicht steht im Bereich der Wasserkräne in Wartestellung. Das Führerhaus ist leer und die Lokmannschaft sitzt in der Bahnhofsgaststätte bei einer Tasse Kaffee. In rund einer Stunde braust sie dann in Richtung Gerstungen der deutsch-deutschen Grenze entgegen.

Die 01 504 begibt sich im schnellen Dampfrhythmus, vorbei am Bekohlungskran, hinaus ins Gleisgelände auf Warteposition. Auf den Windleitblechen in blau und gelb das Messe- und Stadtwappen von Leipzig mit den Jahreszahlen 1165/1965. ▶

Die »01 504« der Deutschen Reichsbahn, DR

01 504

◀ Hier befindet sich die 01 504 bereits im BW auf der gegenüberliegenden Bahnhofsseite in Ruhestellung, gesehen von der Führer- bzw. Stirnseite. Die Maschine ist für die Rückfahrt hergerichtet, und Lokführer mit Heizer sitzen »drüben« bei einer Tasse Bohnenkaffee.

Die 01 504 ist das Paradepferd der DR aus der 01^{5}-er-Baureihe. Sie brachte den Berliner D-Zug nach Bebra. Diese Maschine, es gab nur ein Exemplar, ist in der Tat die letzte Steigerung im Dampflokbau der DR. Sie verfügt über nachstehende Erneuerungen: Einen neuen geschweißten Hochleistungskessel mit Verbrennungskammer, Mischvorwärmer, Giesl-Ejektor, Trofimoffschieber, Boxpok-Radsätze, neue Drehgestelle, Dampfzylinder in Schweißkonstruktion und schließlich teilweise Domverkleidung und breite Umlaufschürzen. Es sei hier auch erwähnt, daß die Treib- und Kuppelstangenlager am Triebwerk keine Erneuerungen erfuhren. Es wurden statt der neuen Wälzlager die alten normalen Gleitlager beibehalten. Natürlich sei nicht vergessen, daß diese Dampflok auch über eine Öl-Hauptfeuerung verfügt und eine spitze Rauchkammertür besitzt.

Hier steht die 01 504 an der Mauer des wiederum vollen Ringheizhauses in Warte- und Ruhestellung. Sie wird vom Lokführer inspiziert, eine Tätigkeit, die nach jeder Fahrt durchgeführt wird und auch zu den Dienstvorschriften gehört. Die Person des Lokführers gibt ein gutes Verhältnis zum Größenvergleich der gesamten Maschine.

Die Lokmannschaft der 01 504 ist emsig dabei, eventuelle Fehlerquellen aufzuspüren. Der Größenvergleich zwischen Mensch und Triebwerk ist recht überzeugend. Wie bekannt, haben die Räder 2,0 m Durchmesser, dieses Maß wird wohl auch der rechte Lokmann fast erreicht haben.

Die Wartefrist von ca. 1 1/2 h zum nächsten Zug nach drüben ist vorüber. Die 01 504 fährt mit ihrer Lokmannschaft hinaus ins Gleisgelände, um ihren fälligen Zug abzuwarten: Er kommt von Frankfurt mit Ziel Leipzig.

Das Triebwerk der 01 505 der DR. Dieses wurde unverändert von der alten Baureihe 01 in die modernisierte 01^5 übernommen. Auch die Gleitlager an den Stangenköpfen blieben unverändert.

Das fünffach-gekuppelte Triebwerk der 44 029 der DR. Die Räder dieser Dreizylinder-Güterzugdampflok haben einen Durchmesser von 1,4 m. Das dritte Triebwerk arbeitet mit seinem Innenzylinder unter der Rauchkammer mittels Kropfachse auf das dritte Treibradpaar. Alle drei Zylinder haben einen Durchmesser von 550 mm.

Treibstangenlager mit Schwingenkurbel und Schwingenstange von derselben Lok, jedoch in voller Draufsicht gesehen. Bemerkenswert die Lagerung der geschlitzten Kurbel auf dem Vierkantzapfen. Über dem Treibrad zwei Druckluftbehälter.

Großaufnahme des Kreuzkopfes, der Gleitbahn, der Lenker und der beiden Gabelstangen zur Heusinger Steuerung der Dampflok mit der Betriebsnummer 41 142. ▶

◀ Das Drillingstriebwerk der DB-Güterzugdampflok, Betriebsnummer 44 1674. Die außerordentlich kräftig ausgebildeten Treibstangen vermögen aus dem Stillstand heraus eine Zug- oder Druckkraft von fast 27 Mp (oder 2100 PSi) zu übertragen.

Triebwerk der 1'D1'-Dampflok, Betriebsnummer 41 142 der DB mit 1,6 m Treib- und Kuppelraddurchmesser. Diese leistungsstarke Maschine wurde sowohl im Güterschnell- als auch im Schnellzugdienst eingesetzt. ▶

◀ Kreuzkopf mit Gleitbahn, sowie der Lenker- und zwei Gabelstangen zur Heusinger Steuerung. Deutlich erkennt man wie Kolbenstangen und Kreuzkopf durch einen Keil verbunden sind. Diese Großaufnahme wurde an der Dampflok 44 1674 der DB gemacht.

Die Dampflok der DR, Betriebsnummer 01 505, steht über der Schmiergrube. Die Achslager wurden vom Heizer bereits abgeschmiert, und der Lokführer beendete ebenfalls seinen Rundgang um die Maschine. Somit ist die Dampflok für die nächste Fahrt bis Erfurt bereit. ▶

Treib- und letztes Kuppelrad der Schnellzugdampflokomotive 01 505 der DR. Die Maschine steht im Bahnbetriebswerk auf Warteposition.

Triebwerk der 01 505 mit Teilen der Steuerung und der Treibstange. ▶

Triebwerke
»Boxpokräder«

◀ Boxpokräder und das Triebwerk der 01 507. Die ungewöhnliche Perspektive zeigt Treibstange, Kreuzkopf und Steuerung und vermittelt so den komplizierten Aufbau eines Dampflokomotiv-Triebwerkes.

Boxpok-Treibrad der 01 0508 ▶ der DR. Das Rad hat einen Durchmesser von 2 m.

◀ Erstes Kuppelrad der 01 0507-2 der DR. Die Detailaufnahme zeigt im oberen Teil Schwinge und Schieberschubstange.

Kurz vor der Abfahrt der 01 502 der DR vor dem Schnellzug Frankfurt/Main — Bebra — Erfurt — Berlin-Friedrichstraße. ▶

Die Dampflokomotive 01 502 der DR steht allein und abseits im Schienengelände auf Warteposition. Die Zeit wird genutzt, um Teile des Triebwerks nochmals zu überprüfen. Auf dem Bild sehen wir den Heizer bei dieser Tätigkeit.

Für die Bildgestaltung ist es meistens ein Pluspunkt, wenn ein mit Technik und Maschine Vertrauter, in unserem Fall das Lokpersonal, bei seiner Tätigkeit organisch ins Bild hineinwächst. Hier sieht man den Heizer, wie er die Bolzen der Backenbremsen an den Treib- und Kuppelrädern mit einer Presse abschmiert. ▶

◀ Die Lok 01 511 der DR mit Boxpokrädern im BW Bebra. Der Lokführer überprüft soeben den Kreuzkopf und seine Laufbahn. Diese und ähnliche Szenen sind geeignet, den Dampflok- und Eisenbahnfreund in jene Vergangenheit zu versetzen, die man heute die »gute alte Dampflokzeit« nennt.

Der Prüfrundgang an dieser blitzsauberen Dampflok ist beendet. »Alles ist Ordnung« signalisiert der nach oben gerichtete Daumen. Die Lokomotive hat die Betriebsnummer 01 502.

Das dritte und letzte Kuppelrad des Triebwerkes der Dampflokomotive 01 508 der DR mit Boxpokrädern und der faszinierte Fotograf.

Winterdienst in Bebra

»Winterzeit — Fotozeit«, für Freunde der Dampftraktion. Leider scheint dabei nicht immer die Sonne. Doch auch Stimmungen wie diese hier vermitteln recht anschaulich den frostigen Winterdienst bei der Bahn. Das Bild zeigt den ausfahrenden D-Zug nach Leipzig mit einer Dampflok der 01^{5}er-Baureihe.

Eine Dampflok hüllt sich in ihr ureigenes expansives Element. Es ist eine Schnellzuglokomotive aus der 01^5er-Baureihe der DR. Wir haben eine Außentemperatur von —18°C, und die Rückfahrt nach Erfurt und Leipzig ist gewiß eine Strapaze für das Lokpersonal und die Maschine.

Strahlende Wintersonne. Starker Rauhreif auf den Schwellen und dem Schotter. Die Dampflok 01 0520-5 kommt mit eiligen Dampfstößen bei diesem froststarrenden Sonntag mit prächtig angeleuchteter Auspuffwolke zu ihrem bereits wartenden Kölner D-Zug.

Winterdienst im Schienengelände. Die Weichen müssen vom Schnee freigehalten werden. Links im Hintergrund sehen wir die Dampflok 01 525 und rechts die 01 519, beide der DR zugehörig. Es ist diesiges Wetter und empfindlich kalt.

»Dampflokatmosphäre« — Man riecht förmlich jenes Fluidum, das nur Dampflokomotiven umströmt, bestehend aus einem Gemisch aus Heißdampf, Fett und Öl. Hier die Maschine 01 0501-5 der DR. Links eine Diesellok der 290er-Baureihe der DB.

Zugspitze und Zugende nebeneinander. Die weißumrandete, rote Zugschlußscheibe wurde kurz vor der Aufnahme abgehängt. Daneben rauscht mit Volldampf die 01 502 ins Gleisgelände auf Warteposition. Diese Maschine besitzt Boxpokräder.

01 0529-6

Dampfzüge auf der Fahrt nach Gerstungen und Kassel

◀◀ Ein kalter, sonnenloser Nebeltag hängt grau und freudlos über dem Schienengelände des Bebraer Bahnhofs. Mit eingeschalteten Kopflaternen verläßt der Schnellzug Frankfurt/Main — Bebra — Berlin-Friedrichstraße diesen wichtigen Bahnknotenpunkt. Die Dampflok mit der Betriebsnummer 01 0501-5 ist die erste der 01⁵er-Baureihe, die Speichenräder hat.

Hier haben wir ein Bebraer Stimmungsbild, ▶ nicht unähnlich einer Industrielandschaft. Die 01 510 der DR, mit Speichenrädern, fährt sozusagen im »Schnellgang« am Fotografen vorbei hinaus ins Freie, um ihren fälligen Zug abzuwarten. Rechts unter Dampf stehende Loks der DB, darüber der Bekohlungskran.

◀ Ein Bild, wie es sich Dampflokfreunde wünschen! Es entstand an einem kalten, sonnigen Wintertag im Januar 1973, kurz vor der Einstellung des ostdeutschen Dampfbetriebes von Gerstungen bis Bebra. Hier sehen wir den D-Zug Frankfurt/Main mit Kurswagen Frankfurt/Oder mit der Lokomotive 01 0529-6 mit Speichenrädern. Der Zug hat keinen Hilfsschub.

Der Berliner Schnellzug erhält Vorspann. Langsam nähert sich die 01 0526-2, um sich mit sanftem Druck vor die 01 520-5 zu setzen. Beide haben Speichenräder. Letzte Verrichtungen werden getätigt und wichtige Informationen fahr- und loktechnischer Natur ausgetauscht.

Dieses Bild stellt die Fortsetzung dar. Alles Notwendige ist erledigt, die beiden Lokomotiven sind abfahrbereit, die Lokmannschaften erwarten das Signal »Freie Fahrt«. Für einen Dampflokfreund ist das alles eine erregende Angelegenheit.

Der Schnellzug Frankfurt/Main — Bebra — Berlin mit der 01 522 ▶ kurz vor der Abfahrt in Bebra.

◀ Weit draußen vor dem Bebraer Bahngelände gelang bei wolkenlosem Wetter diese Aufnahme. Der Schnellzug Frankfurt/M — Bebra — Erfurt — Leipzig in voller Fahrt. Eine der letzten Dampflokomotiven mit Boxpokrädern, hier die 01 0507-2.

Die 01 0530-4 eilt mit dem D 355 Paris — Berlin über ▶
Frankfurt/Main zwischen Bebra und Ronzhausen der Grenze bei Gerstungen entgegen. Der kalte Dezembertag läßt eine enorme Dampfentwicklung zu.

◀ Ein Schnellzug fährt aus Bebra ab in Richtung Berlin. An der Zugspitze die DR-01 519, als Schublok am Zugende die DB-44 11 31, die bis zur Grenze nach Gerstungen mitfährt.

01 0530-4

◀ Sie schiebt sich immer wieder ins Bild: die einzigartige 01 504.

Auf diesem Bild haben wir »Dampfloksommer«. Boxpokräder und Botanik gehen hier, abseits vom Verkehr, eine stille Synthese ein. Auch diese Lok mit der Betriebsnummer 01 508 muß sich mit einem Freiluftplatz begnügen. ▶

Dampfromantik in Bebra

Der 1 1/2 stündige Aufenthalt im BW Bebra wird zu einer kurzen Inspektion der Lokomotive genutzt. Hier ist es die Dampflok 01 522 der DR.

An diesem kalten, schneelosen Januartag gab es ungewöhnliche »Dampfbilder«, die wohl zu den prächtigsten in einem Fotoalbum gehören. Der Leipziger Schnellzug mit der 01 0520-5 der DR stürmt mit weithin hallenden Auspuffschlägen hinauf in die Steigung und auf die freie Strecke der deutsch-deutschen Grenze entgegen. ▶

01 0520-5

»Ein Riese und ein kauernder Zwerg«. Abseits von den Durchgangsgleisen steht die Maschine 01 502 mit Boxpokrädern. Die Frist bis zum nächsten Einsatz wird genutzt, um eine kleine Reparatur am Bremsgestänge des Drehgestells auszuführen.

»Frühling am Schienenstrang«. Die bundesdeutsche Güterzugdampflokomotive mit der Betriebsnummer 50 997 steht auf einem Nebengleis als Leerlok unter Dampf. Im Himmelsblau zwitschern und turnen die Schwalben und laue Lüfte streichen sanft über das Bahngelände — eine wahre »Lokidylle«.

01 522

◀ An der Wand des vollbesetzten Heizhauses steht die Dampflok 01 522 der DR. Sie hat 1 1/2 Stunden »Dienstfrei« bis zum nächsten Einsatz nach Erfurt.

Im Hintergrund eine dunkle Masse, die Dampflokomotive 01 519, im Vordergrund besonntes Bahndammkraut. Die erste immer auf Ortsveränderung trachtend, das zweite friedfertig und erdverwurzelt, ein nur aus dem Kontrast lebendes Bild. Die beiden Lokmänner haben den Lokrundgang beendet und sind im Begriff, von dannen zu wandern- und wohin wohl? Hinaus zur Gaststätte, Kaffee und Kuchen winken schon.

◀ Der Eindruck ist ohne Frage enorm beim Anblick dieses Bildes. Man fragt sich, war das je unsere brave 01 aus der diese 01^5 entstand? Lokführer und Heizer haben die Überprüfung des Triebwerkes beendet und streben nun mit raschen Schritten hinüber zur Bahnhofsgaststätte. Dort gibt es, das hat sich bei den Lokmannschaften längst herumgesprochen, echten Bohnenkaffee, den langentbehrten.

»Triebwerkspiegelung« (44er-Lokbaureihe). ▶

Der Schnellzug Köln — Bebra — Erfurt — Leipzig verläßt mit der Dampflok 01 533 der DR das Bahngelände Bebra. Wildjaulender Dampf treibt den Fotomann gebieterisch in die notwendige Distanz. ▶

◀ Dieses Bild ist die einzige »Fremdaufnahme« in diesem Buch, sie wurde im BW Hof gemacht: Pulsierender Dampf, blitzendes Gestänge, blinkende Speichen, dazu gutes Licht, das sind die Voraussetzungen für ein gutes Bild. Hier ist eine Schnellzuglok der 01er-Baureihe mit Neubaukessel. Rechts oben in der Bildecke der kaum sichtbare Schornstein.

01 533

Der Interzonenschnellzug Leipzig — Bebra — Frankfurt/M auf der Fahrt nach Gerstungen. An der Zugspitze eine 01^{5}er-Schnellzuglok, als Vorspann eine Güterzuglokomotive aus der 44er-Baureihe. ▶

◀ »Freie Fahrt«. Der Lokführer schaut noch einmal zurück, den Zug entlang, bevor es mit Volldampf hinaus auf die freie Strecke geht, in »hautnahem« Abstand am Fotografen vorbei. Die 01 502 hat Boxpokräder.

Der Schnellzug Frankfurt/M — Berlin-Friedrichstraße verläßt mit der 01 0530-4 der DR (mit Speichenrädern) die bereiften Bahnanlagen von Bebra. Ein mächtiger mitwandernder Dampfdom steigt weißleuchtend in den frostkalten Winterhimmel hoch.

Die Letzten vom Dampf in Bebra, Ronzhausen, Thüringen

Mit lärmendem Tosen donnern diese beide Lokomotiven mit ihrem Zug hinauf in die Steigung und auf die freie Strecke dem fernen Berlin entgegen. Dieses Schauspiel, das der Bahnbetrieb hier dem Eisenbahnfreund bietet, sollte nur noch kurze Zeit dauern.

01 0507-2

01 0519-7

◀ Ein kalter Wintertag bescherte dem einsam am Schienenstrang Ausharrenden dieses Bild. Der Interzonenschnellzug Köln — Bebra — Erfurt — Leipzig verläßt mit mächtigem Dampfgedonner und gewaltigen Auspuffwolken zweier Schnellzugloks das Gelände von Bebra. Als Zugtraktion an der Spitze die 01 0507-2 mit Boxpokrädern.

◀ Mit Volldampf nimmt die 01 0519 mit ihrem Zug die Steigung in Richtung Ronzhausen — Gerstungen. Der Wasserturm rechts, das letzte Wahrzeichen von Bebra, wurde bereits passiert. Hier beginnt wohl auch für den DDR-Reisenden langsam die geistige Umstellung auf das nun näherrückende andere Deutschland.

Diese Aufnahme ist das Bild schlechthin vom Bebraer Eisenbahnknoten. Kommt man aus allen vier Himmelsrichtungen und nähert sich Bebra, so sind es außer den zwei Schornsteinen diese beiden Gasbehälter, die zuerst gesichtet werden. Im Hell-Dunkel-Kontrast steht hier vor den grauen Zylindertürmen diese blitzende Schnellzuglok mit der Betriebsnummer 01 0530-4 in Ruhestellung. ▶

◀ Schnellzug Frankfurt/M — Bebra — Berlin-Friedrichstaße in voller Fahrt nach Gerstungen (Grenze). Es ist sehr kalt, Raureif hüllt das ganze Gelände in glitzerndes Weiß. Als Traktion eine Dampflok der 01^{5}er-Baureihe der DR. Der Zug durchfährt hier noch bundesdeutsches Gebiet.

Ein glänzender Kessel mit dunkler Rauchkammer, zinnoberrot leuchtende Räder vor grauen Gasbehältern. Die Dampflok 01 0507-2 der DR brachte den Leipzig — Erfurter Schnellzug nach Bebra, wo sie nun auf den Kölner — Leipziger Schnellzug wartet. ▶

◀ Hier ist nur die Schublok 44 913 der DB abgebildet, die der Zuglok 01 526 der DR mit dem Schnellzug nach Berlin bis zur Grenze die Arbeit etwas erleichtert.

Zwei Zeitalter begegnen sich. Die E-Lok drängt die Dampflok ins Abseits. Die 103 mit dem »Blauen Enzian« ist der Technik der 01^5 weit überlegen.

Das Ende: Denkmaldampflok 012 102-0

Diese Aufnahme der 012 102-0 wurde von der Tenderrückseite gemacht. Hierbei wird offenbar, mit welch großem Tender diese leistungsstarke Maschine ausgerüstet ist. Der fünfachsige Tender (Bauart 2'3 T 38) verfügt über einen Wasservorrat von 38 m^3, ein Heizölvolumen von 10 m^3 und hat ein Betriebsgewicht von rund 100 t.

Dieses Bild zeigt das kraftvolle Dreizylindertriebwerk der 012 102-0. Treib- und Kuppelstangenköpfe haben Wälzlager. Alle drei Zylinder sind mit 500 mm Durchmesser dimensioniert. Die Triebräder haben einen Durchmesser von 2,0 m. Zur Nachtinspektion des Triebwerks erkennt man deutlich die drei Beleuchtungslampen.

GELIEBTE EISENBAHN

Wolfgang Messerschmidt
Dampflokomotiven und ihre Tender
Das Tender-Thema hat mehr Substanz, als die meisten ahnen, zumal dieser Band auch die nicht verwirklichten Ideen mit einbezieht. Ein Gesamtporträt der zahllosen Tender-Bauarten mit ihren Lokomotiven.
160 S., 175 Abb., kt.

Theodor Düring
Die deutschen Schnellzugdampflokomotiven der Einheitsbauart
Die Baureihen 01 bis 04 der Typenreihe 1925.
Normung, Standardisierung, Typisierung, Entstehung, Bauart und Wirkungsweise.
360 S., 282 Abb., geb.

Karl-Ernst Maedel
Im Führerstand von Dampf-, Diesel- und Elektrolokomotiven
Berichte und Erzählungen über Fahrten im Führerstand, darüberhinaus eine Menge Wissenwertes aus der Technik der Schienengiganten.
155 S., 55 Abb., kt.

Die Dampflokomotiven der Deutschen Reichsbahn
Merkbuch für Triebfahrzeuge Baureihe 01-99. Hrsg. von Hans Müller.
Eine Zusammenfassung der von der DR 1962-64 herausgegebenen Merkbücher, die hiermit zum erstenmal der Öffentlichkeit zugänglich gemacht werden.
428 S., 512 Abb., geb.

Karl-Ernst Maedel
Erinnerungen an die Dampfeisenbahn
Ein Rückblick auf die letzten Jahrzehnte des Dampfbetriebes in Deutschland.
Hier hat der bekannte Autor in Wort und Bild zusammengetragen, was am Dampfzeitalter so fasziniert hat.
159 S., 174 Abb., geb.

Dampflokomotiven bei der DB
Jedes der meist ganzseitigen Farbfotos ist ein einmaliges Dokument deutscher Eisenbahngeschichte.
192 S., 174 farb. Abb., geb.

Wolfgang Messerschmidt
Die P 8
Stationen einer internationalen Entwicklung
Die Geschichte der wohl erfolgreichsten und am weitesten verbreiteten „2'C-Tenwheel"-Lokomotive der Welt!
157 S., 165 Abb., kt.

Konrad Hierl/Andreas Ritz
Die Elektrolokomotiven bei der Deutschen Bundesbahn
Dieses Buch gibt einen vollständigen Überblick über die Elloks der Bundesbahn und hält somit fest, was schon Vergangenheit ist oder bald sein wird.
176 S., 169 meist farb. Abb., 2 Karten, geb.

franckh Eisenbahnbibliothek

Überall dort, wo es Bücher gibt! Ein ausführlicher Prospekt über Eisenbahn-Bücher liegt für Sie bereit, bitte anfordern bei der Franckh'schen Verlagshandlung, Postfach 640, 7000 Stuttgart 1.

142 076